Markus Müller

Seltene Baumarten aus Sicht der ökologischen Genetik am Beispiel von Elsbeere und Speierling

GRIN Verlag

Bibliografische Information der Deutschen Nationalbibliothek:

Die Deutsche Bibliothek verzeichnet diese Publikation in der Deutschen National-
bibliografie; detaillierte bibliografische Daten sind im Internet über http://dnb.d-
nb.de/ abrufbar.

Impressum:

Copyright © 2008 GRIN Verlag GmbH
Druck und Bindung: Books on Demand GmbH, Norderstedt Germany
ISBN: 978-3-638-95283-5

TECHNISCHE UNIVERSITÄT MÜNCHEN

Studienfakultät für Forstwissenschaft und Ressourcenmanagement

Lehrstuhl für Forstgenetik

**Vorlesung Ökologische Genetik
im WS 2007/2008**

Seltene Baumarten aus Sicht der ökologischen Genetik am Beispiel von Elsbeere und Speierling

verfasst von

Markus Müller

Inhaltsverzeichnis

1 Einleitung

In Zeiten steigenden Holzbedarfs fokussieren sich Forstbetriebe verstärkt auf Baumarten die hohe Massenleistungen und stabile Gewinne versprechen. Die Wertschätzung einer Baumart durch den Menschen hängt also direkt von ihrem ökonomischen Nutzen für ihn ab. In vergangenen Zeiten waren heute seltene Arten wie die Elsbeere (*Sorbus torminalis (L.) Crantz*) und der Speierling (*Sorbus domestica L.*) begehrte und gesuchte Bäume. Aus ihren Beeren wurden Säfte, Konfitüren und Schnäpsen gewonnen. Zur Klärung und Qualitätsverbesserung von Most benutzte man Speierlingsfrüchte, die in mageren Zeiten auch Tierfutter und Mehlersatz waren. Das harte und zähe Holz der beiden Baumarten fand Verwendung bei Spezialwerkzeugen wie Mostpressen, Musikinstrumenten und Drechselwaren (von SCHMELING, 1994). Mit den verbesserten Lebensbedingungen für den Menschen verloren die beiden Arten ihre Bedeutung. Der seit jeher geringe Anteil an der Baumartenmischung in den mitteleuropäischen Wälder ging bis heute so weit zurück, dass einzelne Bestände in ihrer Existenz gefährdet sind.

Die Besonderheiten seltener Baumarten, ihre Verbreitung, Ökologie und Gefährdung aus Sicht der ökologischen Genetik soll in dieser Arbeit beispielhaft an der Elsbeere und dem Speierling behandelt werden. Darüber hinaus sollen mit dem Projekt SEBA der ETH Zürich Ansätze zum Erhalt der verbliebenen Populationen und Maßnahmen zur Bewahrung deren genetischen Ressourcen aufgezeigt werden.

2 Ökologie der Baumarten

Obwohl sie in ihrer optischen Erscheinung völlig verschieden sind, ähneln sich die beiden Arten Elsbeere und Speierling in weiten Teilen ihrer Ökologie. Zum Teil liegt hier ein Grund auf die weitgehende Verdrängung aus unseren heutigen Wäldern und die zum Teil akute Gefährdung verbliebener Populationen.

2.1 Gemeinsamkeiten

Beide Arten gehören der Familie der Rosengewächse (*Rosaceae*), Gattung *Sorbus* an. Sowohl die Elsbeere als auch der Speierling werden als Baum 20 bis 30 Meter hoch. Das maximal erreichbare Alter befindet sich in einer Spanne zwischen 150 und 400 Jahren, wobei für die meisten Exemplare 200 bis 300 Jahre angegeben wird (RUDOW, 2001).

Die Wurzelbildung der Bäume ist sehr reghaft und ausgeprägt, die tief reichenden, langen Hauptwurzeln bilden meist ein Herzwurzelsystem. Durch steile und rasche Orientierung in tiefere Bodenschichten können selbst ungünstige Substrate durchbrochen und drainiert werden. Die ausgeprägte Bewurzelung verleiht beiden Arten zudem eine hohe Standfestigkeit gegen Sturmwurf (HASENMAIER, MÜHLHÄUSER, 1990). Bei ihrer Vermehrung sind sie ebenfalls stark auf ihre Wurzeln angewiesen, da die Keimrate der Samen aufgrund keimungshemmender Stoffe sehr gering ist. Eine Fortpflanzung erfolgt in aller Regel über Wurzelbrut, welche in Abhängigkeit von den standörtlichen Gegebenheiten, sehr vital ausfallen kann. In Extremfällen baut sich ein kompletter Bestand aus den Wurzelbrutklonen einzelner oder weniger Elternindividuen auf (RUDOW, 2001).

Der bevorzugt besiedelte Standort weist ein carbonatisch-trockenes oder toniges Substrat auf. Diese beiden, in ihren Eigenschaften gänzlich gegensätzlichen Böden sind deshalb ideal, da hier die Konkurrenzkraft anderer Baumarten geringer ist. Mit ihren Wurzeln können die beiden Sorbusarten einen Anschluss an tiefere Wasserschichten finden und die lichte Begleitvegetation behindert ihren Aufwuchs nicht. Vor allem die Buche steht dagegen auf den genannten Standorten vor Problemen mit der Wasserversorgung und fällt als Hauptbedränger aus. Das aktuelle Standortsoptimum verbliebener Sorbus-Reliktpopulationen stellen trockenwarme Standorte dar, auf denen kaum Bedrängung durch Buche und Eiche stattfindet (SCHMITT, 2000). Da es sich um zwei Halbschattbaumarten handelt, kann allerdings auch eine gewisse Zeit im Unterstand überdauert werden (RUDOW, 2002).

Trotz der Gemeinsamkeiten existieren dennoch Unterschiede, die beide Arten eindeutig voneinander unterscheiden.

2.2 Die Elsbeere (Sorbus torminalis (L.) Crantz)

Die Elsbeere ist ein Baum der Wälder und Waldrandzonen Mittel- und Südeuropas. Die ungefähre Verbreitung ist in Abbildung 1 dargestellt.

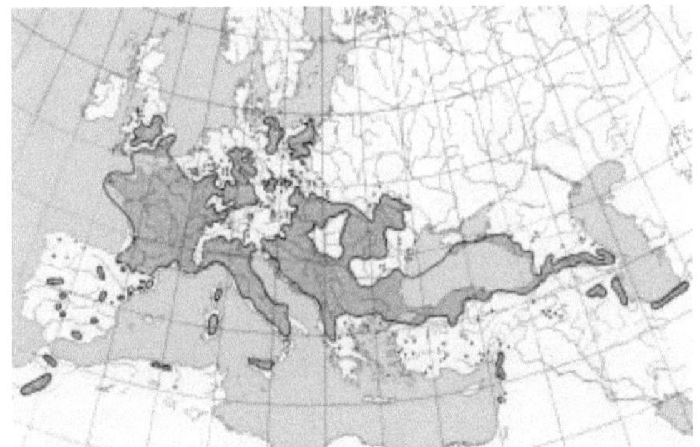

Abb. 1: Verbreitung der Elsbeere im Euro-Asiatische Raum   aus: Kuzelnigg 1995, Entwurf: E. Jäger

Das Gesamtareal der natürlichen Verbreitung reicht von Südengland bis zu Einzelvorkommen im Atlasgebirge Nordafrikas. Die Westgrenze markiert die Atlantikküste Frankreichs und Portugals. Im Osten verlaufen die Vorkommen von Westpolen über den Balkan und das Schwarze Meer bis ans Kaspische Meer und Syrien. Der Schwerpunkt der Vorkommen liegt in Frankreich (von SCHMELING, 1994). Die bayerischen Vorkommen konzentrieren sich in den Gebieten mit kalkhaltigen Substraten. Wie in der Abbildung 2 zu sehen, liegen die Schwerpunkte in den unterfränkischen Muschelkalkgebieten, den Keuperlandschaften, den zentralbayerischen Juragebieten und den Jungmoränen des Fünf-Seen-Landes.

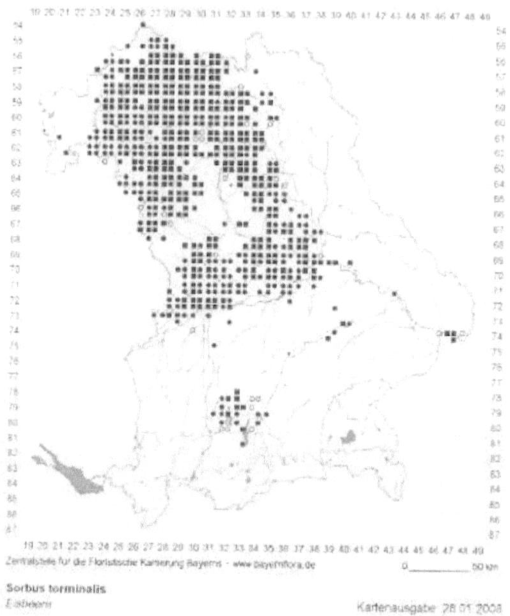

Abb. 2: Verbreitung der Elsbeere in Bayern   www.bayernflora.de , Taxe Nr. 5711

Insgesamt ist das Verbreitungsgebiet sehr zersplittert und durch viele Kleinvorkommen gekennzeichnet. Die Kartenfärbung darf daher nicht als flächiges Vorkommen verstanden werden, sondern als zusammenfassende Signatur vieler Einzelbäume. Der Einfluss des Klimas als begrenzender Faktor spielt bei der Verbreitung der Elsbeere, im Gegensatz zum Speierling, nach MÜLLER-KROEHLING und FRANZ keine maßgeblich beeinflussende Rolle.

Bedeutende Unterschiede zwischen den beiden verwandten Sorbusarten finden sich im optischen Erscheinungsbild. Aufgrund der Wuchsform und der ausgeprägten Rindenstruktur erinnern Elsbeerenstämme oftmals an Eichen. Neben der eichenartigen Rinde existieren jedoch auch Exemplare mit sich papierartig ablösenden Rindenstreifen. Die Blütenstände bilden weiß blühende Doldenrispen. Die Früchte sind relativ klein und von olivbrauner Färbung. Wesentliches Unterscheidungsmerkmal gegenüber dem Speierling sind die ahornartigen Blätter, die sich im Herbst rotbraun verfärben. In der folgenden Abbildung 3 sind Früchte, Blütenstände und Blätter der Elsbeere zu sehen.

2.3 Der Speierling (Sorbus domestica L.)

Das Verbreitungsgebiet des Speierlings ist etwas kleiner als bei der Elsbeere. Die ungefähre Ausdehnung des Areals ist in Abbildung 4 dargestellt.

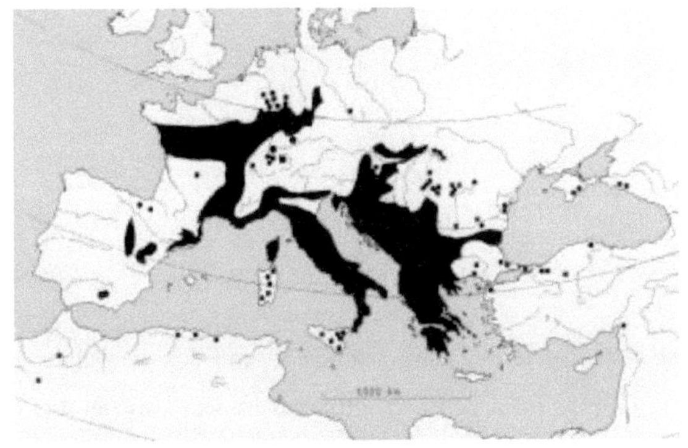

Die Schwerpunkte der Verbreitung liegen auf der Balkanhalbinsel, in Italien sowie Frankreich. Charakteristisch sind die vielen Klein- und Kleinstvorkommen die teilweise nur aus Einzelbäumen bestehen, daher gilt für die Interpretation der Kartenfärbung das Gleiche wie bei der Elsbeere. Die bevorzugten Lagen sind warm-trockene Hügel- oder Berggebiete (RUDOW, 2002). Die Ausbreitung dieser Baumart ist wesentlich vom Klima beeinflusst. Die der Abbildung 4 zu entnehmenden Fundpunkte in Bayern spiegeln dies wider. MÜLLER-KROEHLING und FRANZ berichten, dass für eine erfolgreiche Ansiedelung des Speierlings eine mittlere Lufttemperatur von -1 °C im Januar und maximal 80 bis 100 Frosttage vorteilhaft sind. Hinsichtlich der Spätfrostempfindlichkeit gibt es unterschiedliche

Auffassungen. So beschreiben SCHÜTT, SCHUCK und STIMM (2002) den Speierling als spätfrostempfindliche Art, während KÜNNETH (1982) für das Forstamt Uffenheim eine auffallende Spätfrosthärte beobachtete.

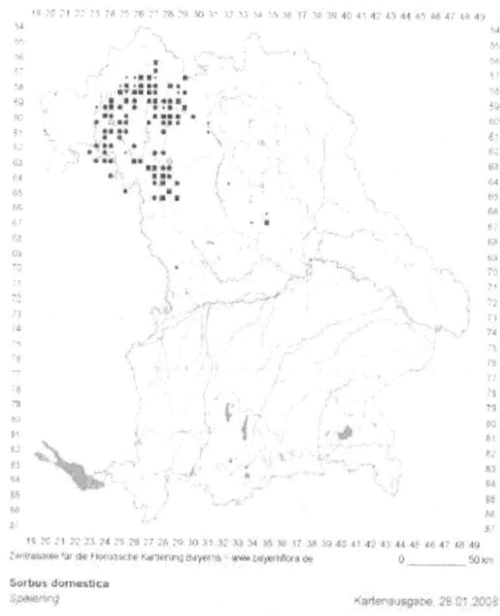

Abb. 5: Verbreitung des Speierlings in Bayern   *www.bayernflora.de , Taxe Nr. 5704*

Das Erscheinungsbild des Speierlings birgt auf den ersten Blick die Gefahr der Verwechslung mit der Vogelbeere (*Sorbus aucuparia*). Der Habitus ist sehr variabel und reicht von der so genannten Apfelbaumform, d.h. einer breiten Krone im Freistand bis zu 30 Meter hohen, wipfelschäftigen Exemplaren. Die Rinde ist dachziegelartig mit nach oben gekrümmten, sich ablösenden Schuppen. Die gefiederten Blätter färben sich im Herbst leuchtend gelb. An den weiß blühenden Doldenblüten erscheinen im Herbst rote, bis 3 cm große Früchte. Die Hauptmerkmale Blüte, Blätter und Früchte sind in Abbildung 6 dargestellt.

Abb. 6: Früchte, Blüte und Blätter des Speierlings   Blätter: www.baumkunde.de; Frucht+Blüte: von SCHMELING

3 Biodiversität

Der Begriff Biodiversität leitet sich aus den griechischen Wörtern *bios* (Leben) und *diversitas* (Verschiedenheit) ab und bezeichnet die Vielfalt des Lebens. Biodiversität umfasst die drei Bereiche der Vielfalt der Lebensräume, der Vielfalt der Arten in diesen Lebensräumen und der Vielfalt des Erbgutes dieser Arten. Die einzelnen Teile stehen eng miteinander in Beziehung und lassen sich nicht voneinander trennen (RUDOW, 2002).

3.1 Der Beitrag seltener Pflanzen zur Biodiversität

Die Biosphäre als der Raum, den das Leben in seiner Gesamtheit einnimmt, hat im Laufe der Erdgeschichte durch Anpassung ständig neue Arten erschaffen und andere wieder aussterben lassen (RUDOW, 2002). Über eine längere Zeit betrachtet erreichen Ökosysteme ein Gleichgewicht, in dem sich sein Zustand nicht wesentlich ändert (vgl. HATTEMER und GREGORIUS, 1996) Als Grundprinzip des Lebens strebt jedes natürliche System nach größtmöglicher Vielfalt, um auf äußere und innere Störungen bestmöglich reagieren zu können. Der erreichte Gleichgewichtszustand soll also nicht bei jeder kleinsten Umweltänderung aus der Balance geraten.

Damit liegt ein wesentlicher Beitrag von nicht häufig vorkommenden Pflanzen vor. Ein vollkommenes Gleichgewicht kann nie erreicht werden, da dies impliziert, dass alle Komponenten des Systems keinerlei Einflüssen unterliegen. Ein Ökosystem muss jedoch permanent reagieren, da dies nicht der Fall ist. In artenarmen Gesellschaften, wie beispielsweise einer Fichtenmonokultur, ist die Möglichkeit verschiedenartige Reaktionen zu durchlaufen beschränkt. Findet etwa eine Kalamität durch Schadinsekten statt, so bleiben im besten Fall einige wenige Individuen unberührt. Diese resistenten Bäume können dann auf der Kahlfläche einen Folgebestand aufbauen. Existieren dagegen von Haus aus viele verschiedene Baumarten nebeneinander, bleibt das Auftreten der Schadinsekten, betrachtet auf das Gesamtsystem fast unbemerkt. Eine möglichst gemischte Bestandesstruktur mit seltenen Arten erhöht die Fähigkeit Schadereignisse in ihrer Auswirkung zu verringern (vgl. RUDOW, 2002).

Weitere nicht unwesentliche Aspekte die möglichst viele verschiedene Pflanzen als Teil eines Ökosystems sinnvoll erscheinen lassen, ist die Vervielfältigung der Lebensräume. Auf seltenen Pflanzen finden wiederum andere seltene Tiere oder Kleinpflanzen Nischenlebensräume. Durch das Vorhandensein von Antagonisten die solche Nischen besiedeln bleiben Schadinsekten oftmals dauerhaft unterhalb der Latenzschwelle. In seinem Beitrag zur Elsbeere stellt SCHMELING (1994) fest, dass blühende Elsbeeren die Insektenvielfalt vermehren und die Früchte für mehrere Arten an Vögeln und Kleinsäugern eine Nahrungsquelle darstellen.

Mit dem Erhalt seltener und oftmals wenig erforschter Pflanzen bietet sich auch dem Menschen ganz direkt neuer Nutzen. Bisher wenig beachtete Baumarten liefern bisweilen neue und wirksame Inhaltsstoffe mit medizinischem Nutzen, wie beispielsweise das Taxol der Eibe als Krebstherapeutikum. Der Beachtung und dem langfristigen Erhalt dieser Baumarten liegt somit nach RUDOW auch ein Aspekt ethischen Handelns zum Wohle zukünftiger Generationen zugrunde.

3.2 Parameter zur Bestimmung der genetischen Variation von Populationen

Aus Sicht der ökologischen Genetik ist vor allem die Vielfalt des Erbgutes von Interesse, da eine breite genetische Ausstattung bessere Reaktionen bei sich ändernden Umweltbedingungen bietet. Zur Quantifizierung der genetischen Vielfalt von Populationen können verschiedene Maße herangezogen werden.

Die genetische Vielfalt bezeichnet die Anzahl n der in einer Population an einem oder mehreren Genloci vorhandenen Gene oder, da ein Gen in einer Reihe alternativer Formen vorliegen kann, Allele (OLIVER, WARD, 1988). Da die genetische Vielfalt einer Häufigkeitsverteilung der Allele an den Genloci folgt, kann sie als Maß für die Anzahl genetischer Typen gesehen werden. Bei einem Wert von 1,00 sind die Genloci monomorph, es tritt also nur eine Allelvariante auf. Je mehr sich der Wert 0 annähert, desto polymorpher und damit höher werden die Diversitätswerte (vgl. BIEDENKOPF, 1999 und BERGMANN et al., 1996). Die ermittelten Werte sind allerdings von der verwendeten Stichprobengröße beeinflusst und ein Vergleich der Diversitäten darf daher nur zwischen annähernd gleich großen Proben erfolgen.

Die allelische Vielfalt steht für die Anzahl n der an einem Genlocus auftretenden Allele. Sie bestimmt die Anzahl der Genotypen, die durch eine Population grundsätzlich gebildet werden können und ist somit ein Maß für das Anpassungspotenzial der Population.

Ein weiters Variationsmaß ist die Populationsdifferenzierung. Die normierten Werte liegen zwischen 0 und 1. Wenn der Wert 0 erreicht wird, spricht man von vollständiger genetischer Identität der Individuen, während bei 1 vollständige genetische Verschiedenartigkeit vorliegt.

3.3 Ergebnisse genetischer Inventuren

Genetische Inventuren von Populationen dienen der Bestimmung Diversität, also der Verschiedenartigkeit, der Einzelindividuen. Dabei kann zum einen eine Abstammung bzw. Verwandtschaft von geographisch voneinander getrennten Populationen untereinander ermittelt werden. Es lassen sich Rückschlüsse über den Genfluss und den Austausch von Erbinformation über gewisse Entfernungen ziehen und damit die Möglichkeiten zum Erhalt der genetischen Ressourcen abschätzen. Zum anderen kann mit Hilfe von Vergleichen der empirisch ermittelten und der bei zufälliger Paarung zu erwartenden Genotypenstruktur der Nachkommenschaft eine Abschätzung der Inzuchtbelastung der Population vorgenommen werden (BIEDENKOPF, 1999).

Im Folgenden sollen beispielhaft die Ergebnisse von jeweils einer Inventur der Elsbeere (BIEDENKOPF, 1999) und des Speierlings (WAGNER, 1998) vorgestellt werden.

3.3.1 Elsbeer-Inventur in Unterfranken

Die genetische Inventur eines Elsbeerbestandes erfolgte 1999 im Rahmen einer Diplomarbeit an der LMU München. Der untersuchte Bestand befand sich in einem Gemeindewald im Gebiet des ehem. Forstamtes Bad Königshofen, Unterfranken. Die Untersuchung der genetischen Struktur und der Variation fand an 125 Altbäumen statt. Es wurden Knospen und Samen der Bäume gesammelt und mittels Isoenzymanalysen Zymogramme erstellt. Aus diesen lies sich die genetische Variation messen.

Als Beobachtung ergaben sich folgende Ergebnisse. Die mittlere Anzahl von Allelen pro Genort (A_L) war bei den Knospen mit einem Wert von 2,44 niedriger als bei den untersuchten Samen mit einem Wert von 2,50. Zudem lag die durchschnittliche Anzahl der Genotypen pro Locus (G_L) bei den Knospen ($G_L=3,66$) niedriger als bei den Samen ($G_L=3,75$). Dem gegenüber stehen höhere Werte bei der Genpool-Diversität, der Populationsdifferenzierung, dem Mittelwert und der Heterozygotie. Der genetische Abstand der Knospen gegenüber den Samen betrug 0,069.

In der folgenden Tabelle 1 ist ein Vergleich der polymorphen Genorte und der mittleren Anzahl von Allelen je Genort verschiedener Baumarten gegeben.

Tab.1: Vergleich polymorpher Genorte verschiedener Baumarten   *aus: BIEDENKOPF, 1999, S.76, verändert*

Baumart	Anzahl Populationen	Durchschnittliche Individuenzahl je Population	Durchschn. polymorphe Genorte	Durchschnittliche mittlere Anzahl Allele je Genort
Elsbeere	41	92	7	2,37
Edelkastanie	16	23	13	2,16
Rotbuche	6	96	16	2,60
Stieleiche	18	78	16	3,90

Der Vergleich zeigt, dass die von verschiedenen Autoren untersuchten Elsbeerpopulationen, die der Übersichtlichkeit wegen zusammengefasst wurden, zwar weniger polymorphe Genorte besitzen, an diesen aber eine fast gleich hohe mittlere Anzahl von Allelen je Genort besitzen wie andere Baumarten. Lediglich die Stieleiche bildet hier einen deutlichen Ausreißer nach oben.

Dieser durchgeführte Vergleich der genetischen Parameter von Knospen, die die Elterngeneration und Samen, die die Nachkommenschaft repräsentieren führte zu der Erkenntnis, dass die genetische Variation der Eltern nicht im gleichen Maß bei den Nachkommen vertreten ist. Jedoch ergab sich im Umkehrschluss auch kein eindeutiger Hinweis auf Inzuchtphänomene in diesen kleinen Populationen. Als Gründe für einen weitgehenden Erhalt der genetischen Diversität in diesen Beständen sind die immer wieder stattfindende Einmischung von Genen durch blütenbestäubende Insekten und samenfressende Vögel zu nennen.

3.3.2 Speierlings-Inventur in der Schweiz, Süddeutschland und Österreich

Die Untersuchungen zur Genetik von Speierlingsbeständen erfolgten 1998 ebenfalls im Rahmen einer Diplomarbeit an der LMU München durch WAGNER. Ziel war es unter anderem die genetischen Variationen ausgewählter Populationen in der Schweiz, Süddeutschland un Österreich mittels Isonezymanalyse zu ermitteln und eine Prüfung der möglichen genetischen Einschränkungen vorzunehmen.

In der Tabelle 2 ist die Aufstellung der polymorphen Genorte der verschiedenen Untersuchungsbestände zu sehen.

Tab. 2: Polymorphe Genorte der Speierlingsbestände   *aus: WAGNER, 1998, S.27, verändert*

Bestand	Individuenzahl	Polymorphe Genorte	mittlere Anzahl Allele je Genort	Mittlere Anzahl Genotypen je Genort
Schweiz	193	12	2,42	3,75
Österreich	44	12	2,42	3,25
Deutschland	241	11	2,34	2,97
max. mögl. hypothetischer Wert		12	2,42	4,25

Die mittlere Anzahl an Allelen je Genort des Speierlings bewegt sich im mittleren Bereich der europäischen Baumarten (vgl. Tabelle 1). Die untersuchten Populationen wiesen , trotz ihrer geringen Größe, bei den Vergleichen der Werte für genetische Vielfalt Werte auf, die im Bereich großer Populationen liegen. Dies ist nach WAGNER vor allem deswegen bemerkenswert, da statistisch eine höhere Anzahl monomorpher Genorte in kleinen Stichprobengrößen zu erwarten wäre. Auch zeigt der Vergleich der verschiedenen Standorte in der Schweiz (Schaffhausen) und Deutschland (Tauberbischofsheim, Schweinfurt), dass der Speierling nicht dort die höchste genetische Variabilität zeigt, wo er am häufigsten anzutreffen ist.

WAGNER kommt in seiner Arbeit zu dem Schluss, dass der Speierling im Verhältnis zu anderen Baumarten keine genetisch eingeschränkte Baumart ist, da mit Ausnahme des Untersuchungsbestandes Freiburg Variationen vorhanden sind, wie man sie auch in großen Populationen findet. Die Pollenverbreitung durch Insekten wird hier ebenfalls als Hauptgrund für den genetischen Austausch zwischen geographisch getrennten Beständen genannt und als effektiv bewertet.

4 Förderungsstrategien für seltene Baumarten

Die Wichtigkeit seltener Baumarten für ein strukturreiches und voll funktionsfähiges Ökosystem wurde bereits seit längerem erkannt. Um einen Erhalt der Arten in den Wäldern zu erreichen, genügt es aber nicht auf die Selbstvermehrung der verbliebenen Bäume zu vertrauen. Wenn, wie im Fall der hier behandelten Arten geschehen, der Mensch und sein Verhalten als ursächlicher Grund für die Zurückdrängung erkannt ist, so kann nur eine gezielte Förderung die erhofften Ergebnisse liefern. Um geeignete Maßnahmen ergreifen zu können, muss man sich jedoch zuerst klarmachen wie selten und damit gefährdet die Arten sind. Die Bezeichnung „Seltenheit" scheint zwar in ihrer generellen Bedeutung klar, dennoch gibt es bei der genauen Abgrenzung Interpretationsspielräume.

4.1 Was heißt „selten"?

Der Begriff „selten" bzw. „Seltenheit" ist eine relative Größe. Als Maßzahl zur Bestimmung ob eine Art selten ist, wird ihre Individuenzahl auf einer vorher definierten Fläche herangezogen. Bei Waldbäumen handelt es sich nach WEISGERBER et al. (1996) um seltene Arten, wenn sie generell oder regional begrenzt mit einem Bestockungsanteil von weniger als einem Prozent an der Holzbodenfläche vorkommen. Im Rahmen des SEBA-Projektes legte man sich auf konkrete Zahlen zur Definition fest. Demnach gelten in der Schweiz Arten mit landesweit mehr als 1 Million Individuen als weniger selten. Arten mit weniger als 100.000 Exemplaren wurden als selten und diejenigen mit weniger als 10.000 Individuen als sehr selten definiert (SEBA, 2002).

Für die beiden in dieser Arbeit behandelten, als selten gelten Baumarten, lässt sich sehr gut zeigen wie relativ die Definition der Seltenheit ist. Vor der Ernennung des Speierlings zum Baum des Jahres 1993 war er nur wenigen Menschen bekannt. Dies lag mit Sicherheit an seinem tatsächlich geringen Vorkommen in unserer strukturarmen Landschaft. Für Deutschland werden von BAHMER Individuenzahlen von 3.500 bis 4.000 Speierlingen genannt. Für die Elsbeere zitiert RUDOW die nationale Forstinventur Frankreichs (Inventaire forestier nationale), die von beachtlichen 25 Millionen Stämmen im gesamten Land ausgeht. Ein ähnliches Bild der Verhältnismäßigkeiten ergibt sich aus den Zahlen der SEBA Erhebungen, die in der Tabelle 3 unter Punkt 5.2 noch einmal übersichtlich dargestellt sind. In der Schweiz wurden lediglich noch 500 Speierlingsbäume gegenüber 39.000 Elsbeeren gezählt.

Was sind also die Gründe weshalb diese, in so unterschiedlicher Größenordnung vorkommenden Baumarten, dennoch als gefährdet gelten?

4.2 Gefährdungen für Speierling und Elsbeere

Bei der Betrachtung der beiden Baumarten fallen, dank der engen Verwandtschaft, immer wieder Gemeinsamkeiten auf. So sind auch die Ursachen für die bereits heute bestehende akute Gefährdung sowohl bei Elsbeere als auch bei Speierling derart gleich gelagert, dass auf eine nach den beiden Baumarten getrennte Analyse der Gefährdungen verzichtet werden soll.

Gemäß den Kriterien der International Union for Conservation of Nature and Natural Ressources (IUCN) steht der Speierling in Deutschland und der Schweiz mit rund 4.000 bzw. 500 Exemplaren als stark gefährdete Art auf der Roten Liste. Die Elsbeere fällt, dank höherer Stammzahlen, in die Klasse der gefährdeten Bäume (vgl. SEBA Projektergebnisse). STUDHALTER et al. (2001) machen die derzeitige waldbauliche Behandlung der Wälder für den Rückgang der Populationen in Größe und Anzahl verantwortlich. Durch die Abkehr von der Nieder- und Mittelwaldwirtschaft hin zum schlagweisen Hochwald, wurden die Wälder zunehmend ausgedunkelt. Die einseitige Förderung der Hauptbaumarten Fichte und Buche trugen ebenso dazu bei, dass jegliche Verjüngung überwachsen wurde.

Die für beide Arten ideale Wirtschaftsweise Mittelwald verlor so sehr an Bedeutung, dass die beinahe nirgends mehr vorzufinden ist. Früher wurden sie in diesen Wäldern in relativ großer Zahl kultiviert, da sie auch durch die forstlichen Nebennutzungen einen hohen Wert hatten. Mit dem Verlust des Wertes als Medizin, Futter- und Nahrungsquelle und als geschätztes Holz für Spezialanwendungen, ging auch das Wissen um Arterkennung und Kultivierung verloren. So ist es unter anderem ein Ziel des Projektes SEBA gewesen, die Revierleiter in der sicheren Arterkennung zu schulen.

Ein weiterer Grund für die Gefährdung liegt in der komplizierten Vermehrung. Die effektivste Art der Fortpflanzung besteht in reichlich Wurzelbrut oder Stockausschlägen. SCHMELING weist auf die regelmäßigen Schäden durch Wildverbiss an jungen Austrieben hin. Darüber hinaus berichtet er von Schälschäden durch Mäuse bis ins Stangenholzalter. Die Nachzucht aus Samen setzt hohen Sachverstand voraus, da durch Keimhemmung und Tierfraß die Keimrate sehr niedrig liegt. In spezialisieren Baumschulen wird heute mit Hilfe einer dreimonatigen Naßstratifikation bei 4°C eine Keimrate von ungefähr 20 % erreicht (BAHMER), was die natürliche Keimrate weit übertrifft. Zumindest beim Speierling merkt RUDOW (2002) an, dass eine Belastung durch Inzuchtdepression die Verjüngung ebenfalls schwierig gestaltet. Dies erscheint plausibel, da es bei sehr kleinen Populationen in der Regel zu hohen Selbstbefruchtungsraten bei gleichzeitig geringer genetischer Variation kommt.

Die starke Zersplitterung des Verbreitungsgebietes, welches lediglich auf der Karte als zusammenhängendes Areal erscheint, bedeutet nach WIRTH et al. (2005) ebenfalls eine Gefahr für den Fortbestand der Arten. Da große, zusammenhängende Populationen im Allgemeinen genetisch vielfältiger sind als kleine, kann es in stark fragmentierten Beständen leichter zum Verlust selten vorhandener Genvarianten kommen. Dieser als genetische Drift bezeichnete Vorgang tritt ein, wenn der einzige Baum, der eine bestimmte genetische Information trägt abstirbt und so dieser Genotyp für die Population endgültig verloren geht.

4.3 Förderungsmöglichkeiten

In jüngerer Zeit sind die beiden Baumarten in ihrem vielfältigen Wert wiederentdeckt worden. Schon immer haben Förster mit beiden Arten auf Submissionen stolze Erlöse erzielt. Jedoch stellt die Nutzung meist ein Zufallsprodukt der Waldbewirtschaftung dar. In die Diskussion um den reinen Holzwert hat sich mittlerweile auch ein naturschutzfachlicher Aspekt eingebracht und es stellt sich zunehmend die Frage, wie man die Arten gezielt fördern kann.

Der weithin als am wichtigsten angesehene Faktor ist eine gezielte waldbauliche Förderung. Für die Bestände der Schweiz empfiehlt die Eidgenössische Forstdirektion nach BOLLINGER (1996) die Praktizierung eines naturnahen Waldbaus. Dieser beinhaltet eine standortsgerechte Baumartenwahl mit vielfältigen Waldstrukturen. Da beide Baumarten auch auf Böden die für die Hauptbaumarten zu schlecht sind gut Wuchsleistungen erzielen, sollten sie wo immer möglich mit in die Bestände eingebracht werden. Neben der Vielfalt der Arten soll auch gezielt auf eine ausgewogene Altstruktur mit Beteiligung aller Waldentwicklungsphasen hingearbeitet werden. Die entstehenden Lücken, beispielsweise in der Zerfallsphase, bieten ideale Aufwuchsbedingungen für diese Arten die zwar schattentolerant sind, aber im Freistand ihr Optimum haben. In ihrer Untersuchung weisen WIRTH et al. (2005) darauf hin, dass der Pflege der Bestände große Bedeutung zukommt. Ein kleiner, gut gepflegter und lichter Bestand kann wertvoller sein als ein großer und dunkler, da hier mehr Blüten und Fruktifikation zu erwarten sind.

Bei der Verjüngung ist in erster Linie auf Naturverjüngung zu setzen. Wenn eine künstliche Verjüngung angestrebt wird, muss Saatgut der jeweils einheimischen Herkünfte Verwendung finden. Hier ist es auch bei der Beerntung von ausgewiesenen Samenbeständen wichtig, möglichst alle Elternbäume zu beernten, um eine menschliche Vorselektion des verfügbaren Genpools zu vermeiden.

Um immer wieder auftretende Zufallsfunde, bei denen manchmal eine vermeintliche Eiche erst bei der Fällung als Elsbeere identifiziert wird zu verhindern, muss das verantwortliche

Forstpersonal in der sicheren Arterkennung geschult werden. Nur wenn der Baum richtig erkannt ist, kann er auch entsprechend gefördert werden.

Da in der Verjüngung immer wieder hohe Ausfälle durch Wild zu beobachten sind, ist es wichtig die vorhandenen Bestände bzw. Einzelbäume durch Wildschutzmaßnahmen zu schützen. In der Regel bedeutet dies die Umzäunung der entsprechenden Flächen. In Einzelfällen kann auch über verschiedene Formen der Waldreservate nachgedacht werden. Vorteilhaft erweist sich dies, wenn sehr lockere Bestände mit vielen verstreuten Einzelbäumen vorliegen. Diese Flächen ganz- oder teilweise aus der Nutzung nach streng ökonomischen Gesichtspunkten zu nehmen ist vor allem praktikabel, wenn es sich um Bestände zum Erhalt genetischer Ressourcen oder Trittsteinpopulationen handelt.

Ein weiterer Aspekt der in die Überlegungen zur Förderung der beiden Arten einfließen kann, ist die Schaffung eines sicheren Absatzmarktes. Zurzeit besteht der Holzanfall in der Regel aus Submissionsware, die mehr oder weniger zufällig auf den Markt kommt. Im Fall der beiden hier behandelten Baumarten besteht das Zusammentreffen von Seltenheit und hohem Wert des Holzes. Wenn ein regelmäßiger und regulärer Markt für Elsbeer- und Speierlingsholz besteht, dann lohnt sich auch ein gezielter Anbau wie er bei anderem Edellaubholz bereits stattfindet.

5 Das Projekt SEBA

Um Notwendigkeit und die Möglichkeiten einer besseren Förderung seltener Baumarten zu erarbeiten, wurde 1997 von der Eidgenössischen Forstdirektion und dem Bundesamt für Umwelt, Wald und Landschaft (BUWAL) das Projekt SEBA (*Förderung seltener Baumarten*) gestartet. In Zusammenarbeit mit einer Arbeitsgruppe der der Eidgenössischen Technischen Hochschule (ETH) Zürich wurden insgesamt die drei Unterprojekte SEBA 1, SEBA 2 und SEBA-POP (Pappelprojekt) abgeschlossen. Durch Umstrukturierungen in der Forstverwaltung und an der ETH wurde die Finanzierung des Gesamtprojekts gestoppt und SEBA Ende 2004 eingestellt.

5.1 Zielsetzung

Bei der Zielsetzung konzentrierten sich die Projektverantwortlichen auf drei Hauptziele (vgl. RUDOW, 2002). Zum einen sollte Wissen zur Verbreitung, Gefährdung und Ökologie seltener und in der Schweiz heimischer Baumarten erarbeitet werden. Ein zweiter Punkt war die Entwicklung von Strategien zur langfristigen Förderung der Arten. Schließlich war es ein drittes Anliegen, den Forstdienst bei der Erkennung und richtigen Behandlung der Bäume zu sensibilisieren und zu schulen.

Der generelle Rahmen des Projektes war das Vorhaben der Eidgenössischen Forstdirektion die Biodiversität im Schweizer Wald zu fördern (BOLLINGER, 1996). Dies soll zum einen durch grundlegende, also in der Regel waldbauliche, Maßnahmen geschehen. Zum anderen können punktuell spezielle Mittel angewandt werden, beispielsweise die Ausscheidung von Waldreservaten sowie Beständen zum Erhalt der genetischen Ressourcen.

5.2 Durchführung

Bei der praktischen Durchführung wurden zehn Baumarten ausgewählt, in der Häufigkeit ihres Vorkommens erfasst und in eine Gefährdungsklasse gemäß der IUCN Kriterien (Rote Liste) eingestuft. Die folgende Tabelle 3 liefert einen Überblick über die Baumarten, ihre Häufigkeit und die Gefährdungsklasse.

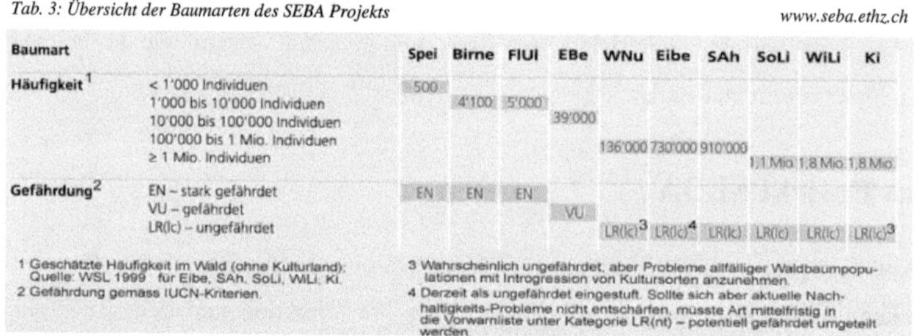

Tab. 3: Übersicht der Baumarten des SEBA Projekts   *www.seba.ethz.ch*

Baumart		Spei	Birne	FlUl	EBe	WNu	Eibe	SAh	SoLi	WiLi	Ki
Häufigkeit[1]	< 1'000 Individuen	500									
	1'000 bis 10'000 Individuen		4'100	5'000							
	10'000 bis 100'000 Individuen				39'000						
	100'000 bis 1 Mio. Individuen					136'000	730'000	910'000			
	≥ 1 Mio. Individuen								1,1 Mio.	1,8 Mio.	1,8 Mio.
Gefährdung[2]	EN – stark gefährdet	EN	EN	EN							
	VU – gefährdet				VU						
	LR(lc) – ungefährdet					LR(lc)[3]	LR(lc)[4]	LR(lc)	LR(lc)	LR(lc)	LR(lc)[3]

1 Geschätzte Häufigkeit im Wald (ohne Kulturland); Quelle: WSL 1999 für Eibe, SAh, SoLi, WiLi, Ki.
2 Gefährdung gemäss IUCN-Kriterien.

3 Wahrscheinlich ungefährdet, aber Probleme allfälliger Waldbaumpopulationen mit Introgression von Kultursorten anzunehmen.
4 Derzeit als ungefährdet eingestuft. Sollte sich aber aktuelle Nachhaltigkeits-Probleme nicht entschärfen, müsste Art mittelfristig in die Vorwarnliste unter Kategorie LR(nt) – potentiell gefährdet umgeteilt werden.

Die untersuchten Baumarten sind: Speierling (Spei), Wildbirne (Birne), Flatterulme (FlUl), Elsbeere (EBe), Walnuß (WNu), Eibe, Spitzahorn (SAh), Sommerlinde (SoLi), Winterlinde (WiLi) und Kirsche (Ki).

Aus Gründen der Machbarkeit und der begrenzten Finanzmittel wurde eine Beschränkung auf die Alpennordseite inklusive der Zentralalpen in der Schweiz vorgenommen. Die Erhebung auf der Alpensüdseite hätte eine länderübergreifende Kooperation benötigt, um Populationsvernetzungen und Verbreitungsmuster zu erfassen. Die Auswahl fiel hauptsächlich auf Bestände der Tieflagenarten, da man hier von der größten Gefährdung ausgeht. Durch die Umstellung der Hochwaldwirtschaft mit Fokussierung auf die Hauptbaumarten ist die Artenmischung in den Tieflagen am stärksten durch anthropogene Einflüsse überprägt.

Der Grad der Gefährdung als Maß für die Dringlichkeit von Maßnahmen wurde anhand der Intensität der artspezifischen Gefährdungsursachen, der Zeitdauer über die diese Ursachen wirken, der Seltenheit der jeweiligen Baumart und der Fragmentierung ihrer Bestände ermittelt.

In den weiteren Schritten wurden Populationen gebildet, Populationsgrößen klassifiziert und Maßnahmenregionen festgelegt. Bei der Populationsbildung wurden um die einzelnen Vorkommen Radien von 1 km, 3 km, 10 km und 30 km gelegt, um hypothetische Populationen auszuscheiden. Dabei gilt bei einem Abstand von höchstens 3 km zwischen den Einzelbeständen, dass eine relativ gute Vernetzung besteht. Bei einem Abstand von mehr als 10 km kommt es zu einer Verbreitungslücke, die zur Isolation führt. Die Klassifizierung der Populationsgröße erfolgte in den hypothetischen Populationen mit einem Abstand von maximal 3 km, da diese den natürlichen Fortpflanzungsgemeinschaften am nächsten kommen. Durch die Aufnahme aller Individuenzahlen der Einzelpopulationen konnten Verbreitungszentren aufgezeigt werden. Die Festlegung von Maßnahmenregionen gilt für Gebiete in denen Förderungsmaßnahmen besonders dringend und angebracht erscheinen. Dabei bilden die Schwerpunktregionen die Kernareale der Verbreitung. Die Vernetzungsregionen ermöglichen zumindest noch einen minimalen Genfluss zwischen den Kernarealen und gelten somit als Trittstein-Populationen. In der nachfolgenden Abbildung 7 sind die Populationsbildung und die daraus resultierenden Maßnahmenregionen am Beispiel der Elsbeere ersichtlich.

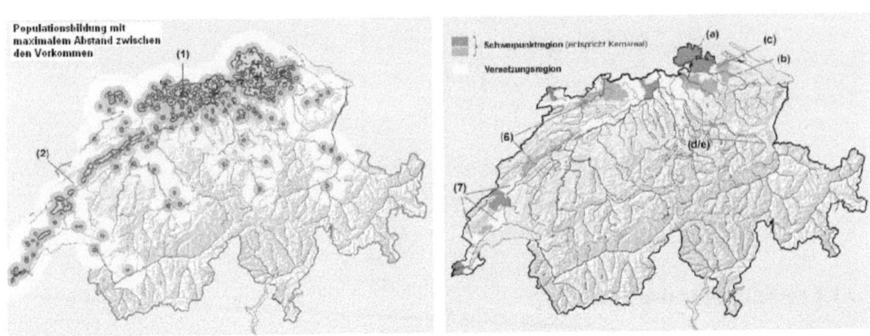

Abb. 7: SEBA Populationsbildung und Maßnahmenregionen der Elsbeere in der Schweiz *www.seba.ethz.ch*

Die in der Karte zur Populationsbildung mit (1) gekennzeichneten Populationen haben einen Abstand von weniger als 3 km. Die mit (2) angedeutete Verbreitungslücke stellt eine Unterbrechung dar, die zur Isolation der südwestlichen Teilpopulation führen kann. Entsprechend sind die mit (6) bezeichneten Schwerpunktregionen als Kernareal (rote

Färbung) ausgeschieden worden. Die gelben mit (7) markierten Gebiete stellen die erwähnten Vernetzungsregionen dar.

Auf eine graphische Aufbereitung der Durchführung aller oben genannten Schritte für die Baumart Speierling muss im Rahmen dieser Arbeit verzichtet werden. Die Speierlingsvorkommen in der Schweiz sind mit 500 verbliebenen Exemplaren so gering, dass eine Darstellung nicht sinnvoll erscheint. Die Bäume sind zumeist einzeln über das Land verteilt und lassen sich im Sinne von Populationen nicht klassifizieren, so dass von SEBA keine Daten zur Verfügung stehen. Die Durchführung von Maßnahmen muss sich auf einzelbaumweise Behandlung konzentrieren. Diese werden im nachfolgenden Ergebnisteil näher erläutert.

5.3 Ergebnisse

Die Ergebnisse der Erhebungen münden im Vorschlag konkreter Förderungsstrategien für jede einzelne Baumart. In Tabelle 4 ist eine Übersicht der einzelnen Strategien aufgelistet.

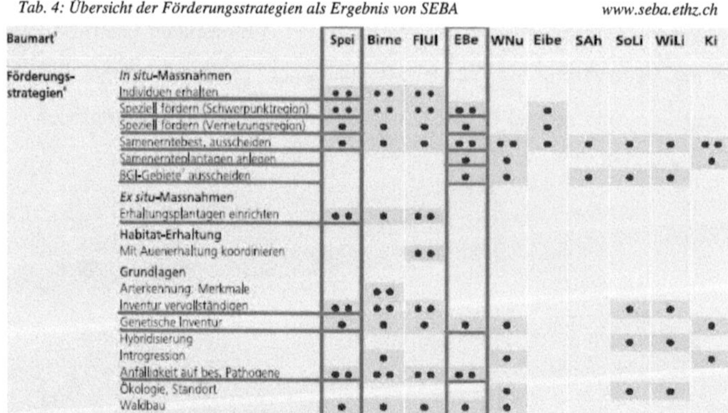

Tab. 4: Übersicht der Förderungsstrategien als Ergebnis von SEBA   www.seba.ethz.ch

Baumart'		Spei	Birne	FlUl	EBe	WNu	Eibe	SAh	SoLi	WiLi	Ki
Förderungsstrategien'	*In situ*-Massnahmen										
	Individuen erhalten	••	••	••							
	Speziell fördern (Schwerpunktregion)	••	••	••	••		•				
	Speziell fördern (Vernetzungsregion)	•	•	•	•		•				
	Samenerntebest, ausscheiden	•	•	•	••	••	•	•	•	•	••
	Samenernteplantagen anlegen				•	•					•
	BGI-Gebiete' ausscheiden				•	•		•	•	•	
	Ex situ-Massnahmen										
	Erhaltungsplantagen einrichten	••	•	••							
	Habitat-Erhaltung										
	Mit Auenerhaltung koordinieren			••							
	Grundlagen										
	Arterkennung: Merkmale		••								
	Inventur vervollständigen	••	••	••					•	•	
	Genetische Inventur	•	•	•	•	•					•
	Hybridisierung								•	•	
	Introgression		•			•					•
	Anfälligkeit auf bes. Pathogene	••	••	••	••						
	Ökologie, Standort					•			•	•	
	Waldbau	•	•	•	•	•					

5.3.1 Ergebnisse für den Speierling

Der Speierling stellt im Rahmen des Projektes eine besondere Herausforderung dar, da er mit nach heutigem Wissenstand lediglich 500 bekannten Exemplaren die am seltensten vorkommende aller zehn untersuchten Arten ist. Die zu ergreifenden Maßnahmen müssen daher fast immer als Wege zum Erhalt einzelner Individuen verstanden werden. Die grundlegendste Strategie stellt, wie in Tabelle 4 zu entnehmen, eine Vervollständigung der Inventur dar. Um darüber hinaus einen vorzeitigen Ausfall der verbliebene Bäume zu verhindern muss die Anfälligkeit auf besondere Pathogene, die auch andere Sorbusarten befallen, untersucht werden. Weiterhin von großer Bedeutung sind eine genetische Inventur und waldbauliche Aspekte. Bei den in situ Maßnahmen misst man dem Erhalt einzelner Individuen die größte Bedeutung zu. Die spezielle Förderung in Schwerpunktregionen zur Erhaltung der Kernareale ist eine Gemeinsamkeit des Speierlings mit allen anderen stark gefährdeten Arten. Die Ausscheidung von Samenerntebeständen bildet die Grundlage für die empfohlene ex situ Maßnahme der Einrichtung von Erhaltungsplantagen.

Insgesamt ergeben sich für diese Art mehr Maßnahmen denen eine sehr große Bedeutung beigemessen wird als bei der Elsbeere.

5.3.2 Ergebnisse für die Elsbeere

Für die im Vergleich zum Speierling wesentlich häufiger vorkommende Elsbeere werden deutlich weniger Maßnahmen mit hoher Priorität angesetzt. Eine grundlegende Verbesserung der waldbaulichen Behandlung steht neben einer genetischen Inventur an. Auch diese Art soll auf ihre Anfälligkeit gegenüber besonderen Pathogenen untersuch werden, um großflächige Ausfälle zu vermeiden. Bei den in situ Maßnahmen kann, aufgrund der größeren Individuenzahl eine spezielle Förderung ansetzen. Zum eine ist der Erhalt der Kernpopulation anzustreben. Von diesen ausgehend wird die Metapopulation langfristig stabilisiert. Dabei ist eine Vernetzung der einzelnen, stabilen Kernpopulationen angedacht, so dass über Trittsteine ein Austausch genetischer Informationen ermöglicht ist. Es ist ausdrücklich nicht Ziel die verschiedenen kleineren Kernareale zu einem großen zu verschmelzen (RUDOW, 2002). Der Erhaltung und Förderung der Randpopulationen wird eine etwas geringere Bedeutung zugestanden, damit keine Mittel zum Erhalt der Kernpopulationen abgezogen werden. Allerdings können die Randbestände unter Umständen besonders wertvoll sein, da sich hier möglicherweise genetisch besonders wertvolle Ökotypen herausgebildet haben (RUDOW, 2002). Als ein Weg diese zu erkennen und dann besonders zu fördern ist die Ausscheidung von BGI-Gebieten genannt. Darunter sind Gebiete von besonderem genetischem Interesse zu verstehen, in denen sich diese Ökotypen befinden.

Weitere konkrete Ergebnisse des gesamten Projektes waren die begleitenden Maßnahmen zur Problematik seltener Baumarten. So wurden schweizweit rund 400 staatliche und private Forstleute in speziellen Seminaren geschult.

6 Schlussfolgerungen

Aufgrund der absoluten Individuenzahl sind beim Speierling mehr Maßnahmen zum Erhalt einzuleiten. Den einzelnen Förderungsstrategien ist in ihrer Gesamtheit auch ein höherer Dringlichkeitsgrad zuzuordnen. Eine große Gefahr für seltene Baumarten stellt die Fragmentierung der einzelnen Populationen dar. Wo möglich sollen die verbliebenen Kernpopulationen miteinander in Vernetzung gebracht werden. Gerade bei der Elsbeere berichten WIRTH et al. (2005) von einer bereits in der Vergangenheit vorhandenen Vernetzung, die bis in die heutige Zeit anhält. Maßgeblich daran beteiligt sind blütenbestäubende Insekten und samenfressende Vögel die in bestehenden Beständen den Verlust genetische Vielfalt verhindern.

Die auf Grundlage der Erhebungen ausgeschiedenen Maßnahmenregionen dürfen keinesfalls als statisch angesehen werden. Die Initiatoren des SEBA Projektes weisen ausdrücklich darauf hin, dass die Regionen lediglich den heutigen Wissenstand widerspiegeln und einer ständigen Anpassung unterliegen sollten.

Das erarbeitete Wissen dient als wertvolle Basis zum Aufbau weiterer Untersuchungen. Gerade bei zukünftigen Projekten zur Erfassung der Bestände auf der Alpensüdseite kann die vorhandene Datengrundlage für weitere Forschungen eingesetzt werden.

7 Zusammenfassung

Die beiden Baumarten Elsbeere und Speierling sind sich in ihrer Ökologie und ihrem Lebensraum sehr ähnlich. In früheren Zeiten erfuhren sie aufgrund ihres breiten Nutzungspotenzials als Kulturbäume eine hohe Wertschätzung durch den Menschen. Heute ist dieses Wissen weitgehend verloren und muss teilweise völlig neu erarbeitet werden.

Die akuten Gefährdungen sind die Einführung der Hochwaldwirtschaft die zu einer Ausdunkelung der Wälder führte. Da die moderne Forstwirtschaft sich auf die Bewirtschaftung der Hauptbaumarten konzentriert, werden konkurrenzschwache Arten weitgehend verdrängt. Diese anthropogene Änderung der Lebensräume geschieht in erdgeschichtlich so schnellen Zeiträumen, dass manche Autoren die nacheiszeitliche Rückwanderung nach Mitteleuropa für eigentlich noch nicht abgeschlossen halten (SCHMELING). In gleichem Maße wie zunächst die Förderung und dann die Verdrängung durch den Menschen geschah, so liegt es auch an ihm die Arten zu retten.

Mit grundlegenden Arbeiten von BIEDENKOPF und WAGNER zur genetischen Analyse verschiedener Bestände konnte nachgewiesen werden, dass die einzelnen Populationen noch nicht von genetischer Verarmung betroffen sind.

Mit gezielten Maßnahmen der waldbaulichen Neuorientierung und Empfehlungen zur individuellen Förderung wie im Rahmen des SEBA Projektes werden diese Baumarten auch in Zukunft einen Beitrag zu strukturreichen Wäldern liefern. Die Bedeutung der Artenvielfalt für die verschiedenen Ebenen der Biosphäre zeigt sich besonders an seltenen Spezies.

Dabei ist es sinnvoll gezielt vorzugehen. RUDOW merkt an, dass der weitsichtige Förster die Elsbeere und den Speierling besser nicht flächig, sondern gezielt und punktuell pflegt. Auf diese Weise lassen sich nachhaltig Bestände mit hoher Wertschöpfung erziehen, die als Ergebnis nicht mehr eine Nutzung nach dem Zufallsprinzip sondern auf der Basis langfristiger und strategischer Planung haben.

8 Literaturverzeichnis

BAHMER, H.: *Speierling: Sauer macht lustig.* In: Naturschutz heute, Ausgabe 1/97 vom 4. Januar 1997; www.nabu.de/nh/archiv/speierling197.htm

BERGMANN, F. und HOSIUS, B: *Genetische Variation innerhalb und zwischen Waldbaumarten: Biochemischeund populationsgenetische Determinanten der Isoenzympolymorphismen.* In: MÜLLER-STARCK, G. (Hrsg.): *Biodiversität und nachhaltige Forstwirtschaft.* Landsberg. ecomed verlagsgesellschaft AG&Co. KG, 1. Auflage, 1996, S. 26-37

BIEDENKOPF, S.: *Waldbauliche und genetische Untersuchungen zur Verjüngung der Elsbeere (Sorbus torminalis [L.] Crantz).* Freising. Diplomarbeit, unveröffentlicht, Lehrstuhl für Waldbau und Forsteinrichtung der TU München

BIEDENKOPF, S., AMMER, Ch. und MÜLLER-STARCK, G.: *Genetic aspects of seed harvests for the artificial regeneration of wild service tree (Sorbus torminalis [L.] Crantz).* Springer Science+Business Media B.V., 2006

BOLLINGER, M.: *Biodiversität im Schweizer Wald fördern.* In: BUWAL Bulletin 3, 1996, S. 48-52

HASENMAIER, E., MÜHLHÄUSSER, G.: *Wurzelbilder einiger Baumarten auf Tonböden des Einzelwuchsbezirks „Weinbaugebiet von Stuttgart, Maulbronn und Heilbronn".* In: Mitteilungen des Vereins für Forstliche Standortskunde und Forstpflanzenzüchtung Nr 35, 1990, S. 27-37

HATTEMER, H. H. und GREGORIUS, H.-R.: *Bedeutung der biologischen Vielfalt für die Stabilität von Waldökosystemen.* In: MÜLLER-STARCK, G. (Hrsg.): *Biodiversität und nachhaltige Forstwirtschaft.* Landsberg. ecomed verlags-gesellschaft AG&Co. KG, 1. Auflage, 1996, S. 1-10

MÜLLER-KROEHLING, S. und FRANZ, Ch.: *Elsbeere und Speierling in Bayern. Bemühung um ihren Erhalt, Anbau, Waldbau und Holzverwertung.* In: Corminaria Nr. 12, 1999, S. 3-8

OLIVER, S. und WARD, J.: *Wörterbuch der Gentechnik.* Stuttgart. Verlag Gustav Fischer, 1988

RUDOW, A.: *Speierling Sorbus domestica L.* Zürich. Professur Waldbau ETHZ, Eidg. Forstdirektion BUWAL (Hrsg.), 2001, Artikel auf: www.waldwissen.net/themen/waldoekologie/baumarten/wsl_seba_speierling.pdf

RUDOW, A.: *Das Projekt Förderung seltener Baumarten.* Zürich. Professur Waldbau ETHZ, Eidg. Forstdirektion BUWAL (Hrsg.), 2001, Artikel auf: www.waldwissen.net/themen/waldoekologie/baumarten/wsl_seba_projektbeschreibung.pdf

RUDOW, A.: *Biodiversität.* Zürich. Professur Waldbau ETHZ, Eidg. Forstdirektion BUWAL (Hrsg.), 2001, Artikel auf: www.seba.ethz.ch/pdfs/biodiv.pdf

SCHMITT, H- P.: *Elsbeeren und Speierlinge. Erhaltung wertvoller Baumarten in Nordrhein-Westfalen.* In: LÖBF Jahresbericht 2000, S. 150-158

SCHÜTT, P., SCHUCK, H.J. und STIMM, B.: *Lexikon der Baum- und Straucharten.* Hamburg: Nikol Verlagsgesellschaft mbH, 2002

SCHWAB, P.: *Elsbeere Sorbus torminalis (L.) Crantz.* Zürich. Professur Waldbau ETHZ, Eidg. Forstdirektion BUWAL (Hrsg.), 2001, Artikel auf: www.waldwissen.net/themen/waldoekologie/biodiversitaet/wsl_foerderung_elsbeere_steckbrief.pdf

Seltene Bäume in unseren Wäldern Erkennen Erhalten Nutzen. Bonn. Broschüre der Stiftung Wald in Not, 2002, 1. Auflage

STUDHALTER, S., ULBER, M., und BONFILS, P.: *Förderung der Elsbeere: Beiträge aus der Forschung und Praxis (1). Förderungsstrategie für eine seltene uns wertvolle Baumart.* In. Wald und Holz 11/2001, S. 31-32

von SCHMELING, K.-B.: *Die Elsbeere.* Bovenden, Eigenverlag durch Verfasser, 1994

WEISGERBER, H. et al.: *Erhaltung und Erweiterung der genotypischen Vielfalt bei seltenen Baumarten: Strategien, Ergebnisse und Perspektiven in Hessen.* In: MÜLLER-STARCK, G. (Hrsg.): *Biodiversität und nachhaltige Forst-wirtschaft.* Landsberg. ecomed verlagsgesellschaft AG&Co. KG, 1. Auflage, 1996, S. 78-92

WIRTH, L. R. et al.: *Die Elsbeere (Sorbus torminalis) Fruchtbar trotz Einsamkeit.* In: Wald und Holz 02/2005, S. 33-35

http://www.seba.ethz.ch/projekt/projekt_rahmen.htm

http://www.seba.ethz.ch/seba1/analyse.htm

http://www.seba.ethz.ch/seba1/ausw_ver.htm

http://www.seba.ethz.ch/seba1/ausw_fs.htm

http://www.waldwissen.net/themen/waldoekologie/baumarten/wsl_seba_projektbeschreibung.pdf

http://www.seba.ethz.ch/pdfs/biodiv.pdf

http://www.waldwissen.net/themen/waldoekologie/baumarten/wsl_seba_speierling.pdf

http://www.waldwissen.net/themen/waldoekologie/biodiversitaet/wsl_foerderung_elsbeere_steckbrief.pdf